植物科学绘画 + 自然教学法

之 花王与花相

孙英宝 刘政安 主编

图书在版编目(CIP)数据

植物科学绘画+自然教学法之花王与花相 / 孙英宝,刘政安主编. -- 北京：中国林业出版社, 2024.6
ISBN 978-7-5219-2718-4

Ⅰ.①植… Ⅱ.①孙… ②刘… Ⅲ.①植物—绘画技法—教材②自然教育—教材 Ⅳ.①J211.27②G40-02

中国国家版本馆CIP数据核字(2024)第096933号

策划编辑：刘家玲
责任编辑：甄美子
装帧设计：北京八度出版服务机构
————————————
出版发行：中国林业出版社
　　　　（100009，北京市西城区刘海胡同7号，电话 83143616）
电子邮箱：cfphzbs@163.com
网　址：www.cfph.net
印　刷：河北京平诚乾印刷有限公司
版　次：2024年6月第1版
印　次：2024年6月第1次
开　本：889mm×1194mm　1/16
印　张：5
字　数：110千字
定　价：60.00元

热爱大自然，
学习大自然

王文采
2015年4月12日

编写委员会

主　编：孙英宝　刘政安

副主编：高　桅　贾志军　尤鲁青　刘建强
　　　　孙禹萱　宋苗苗

编　委：邓　莉　李振基　刘建强　刘政安
　　　　张　灿　赵吉红　梁文娟　孙英宝
　　　　孙禹萱　张培艳　陈　丽　张　立
　　　　刘长顺　彭　瑜

审　校：刘　冰

序言

科学绘画有魅力，生态游戏有趣味

认识孙英宝老师是在中国园林博物馆举办的冬令营，我的儿子正好是小营员，我作为家长参加结营仪式。当天我就被植物科学绘画深深地吸引了，也被孙老师的精湛技艺和科学精神所感染。后来，我盛情邀请他到我们学校做讲座、开课，把植物科学绘画的理念、方法一点点渗透到园林专业师生的学习生活之中。

孙老师中等身材，说话耿直，时常一身户外休闲装，浑身透着山东人的爽朗和大气。你看他大大咧咧，可是作起画来毫不含糊。仔细看他的画，方寸之内，不仅能画出非常丰富的内容，而且栩栩如生，让人不得不佩服他扎实的画工。孙老师讲课也非常敬业，无论多大的场子，什么年龄段的学员，他都能以实力赢得大家的认可。

实人干实事。他几十年磨一剑，率先对全国自然教育状况进行了调研，并就自然教育市场存在的乱象提出了对策，举办了首次全国性的自然科普教育发展高峰论坛，开展了自然教育科学体系化课程设计与在地化应用合作发布会，旨在整体提升自然教育的发展水平，增强自然教育的科学性和教育功能。一步一步走来，孙老师让我们看到了热爱自然的力量。

孙老师编写的植物科学绘画+自然教学法系列自然教育教材中"泛知识，活模块"课程的开发理念具有良好的适用性。把"蔷薇三姐妹""花王与花相"等内容作为一个课程模块来看待，以后还会有更多的课程模块推出。这个内容的选择既体现了植物的科学性，同时也不失实用性，能为许多植物"脸盲症"的人解惑。而且，这样的模块设置可以方便将植物科学绘画作为一个任务嵌入相关的自然科普教育活动中。这当是其"活模块"的意义所在。那么"泛知识"呢，我认为主要体现在"延伸知识"的内容上。例如，讲到植物的根，就恰到好处地给出了植物根的分类知识，这极其符合人们的学习探究思维。首先，学习这些植物不仅能认识植物本身，更重要的是还能自然而然地收获很多植物科学知识。其次，植物科学绘画实践指导具有系统性和完整性。课程在普适性专业知识介绍之后，按照茎、叶、花、果实的顺序设置了植物科学绘画的分类指导。这样的分类有助于学习者由局部到整体把握植物特点，从而卓有成效地绘制一幅完整的植物科学绘画。而且课程设计者给出了不同部位的科学观察体验方式，有观察、轻触、解剖、嗅闻等方式，指导学习者打开感官，通过眼、耳、鼻、舌、身、意来感知植物特性。最后，原创植物生态游戏极具趣味性。益智游戏、彩泥手工、观察笔记、数学矩阵、科学统计等互动游戏将植物科学绘画与多元智能培养相结合，有助于激发学习者的参与体验积极性，帮助学习者全身心地融入自然教育活动之中。

敢为天下先者必承其重。孙老师以植物科学绘画为切入点开发自然科普教育模块化课程，为各类自然科普教育者、教育机构提供优质课程服务，这是勇者的行为，当然也一定会存在这样或那样的不足。然而，敢于承担、勤于实践的精神当为世人所钦佩。我们大多应该秉持发展的、辩证的眼光看待之、呵护之。

诚然，孙老师在自然教育领域耕耘多年，理当是专家中的专家，我只是其门下仰慕者、追随者。以上仅是个人愚见，不妥之处敬请大家雅正。

张培艳

2024年5月

前言

植物科学绘画与自然教育的完美邂逅

自然，是人类与其他众多生物赖以生存的生活环境，也是生命健康存在的根基。对于人类来讲，自然更是文化和知识的宝库。我们的祖先在对自然的认知与历代繁衍生息过程中，不仅与自然和其他的生物建立了很好的共存关系，还记录和保留了很多在自然中的生存感悟与研究成果，为子孙后代的健康生存与文化传承积累了很多宝贵的学习资料。例如，我国第一部诗歌总集《诗经》对自然和植物的崇拜与精彩的文学表现；李时珍所著的《本草纲目》中对植物在医药方面的应用记载与传世指导；清朝吴其濬所著的《植物名实图考》对植物分类学方面的研究和展示；《中国植物志》及各地方志书对自然界植物的整合、研究、记录与广泛应用等。这些深深地影响和引导着后人对自然的认知和文化的传承，可以说人类的生命成长与文化生活，从古至今一直在多样化的自然教育中进行。例如，要了解人类与植物的关系，不仅要知道衣、食、住、行、身心健康、文化知识和娱乐生活等方面都与植物有着非常密切的关系，还要知道如何去传承和应用。所以说，人类的生命离不开大自然，更离不开植物。

在自然界中，与人类生活紧密相关的植物家族种类繁多，形态多样。植物的生命充满了神奇，这也是从古至今众多科学家们一直在研究植物的存在，以及解析生命密码的原因。长期的科学研究发现，大部分植物的整体可以分为营养器官（根、茎和叶片）和生殖器官（花、果实和种子）两大类；每个器官结构都拥有独特的智慧与功能，联合在一起就形成了一个完美的生命体。然而，植物所拥有的生存智慧，只有经过多年的深入研究、发现和感悟之后才能获得，植物科学绘画的表现形式既是一个科普的展示和认知过程，也是很有效的自然教育过程。认知和了解到植物的智慧之后，大家就会因此对植物产生好奇和深入探索的欲望，再结合古人对自然的研究与生存的指导，就会对自然产生敬畏之心，进而去热爱自然、保护自然，由衷地去保护我们的环境和赖以生存的地球。

植物科学绘画是科学与艺术相结合的一种形象表达科学内容的形式和方法，主要是以科学为目的，艺术为手段，把科学和艺术进行有机的结合之后，形成了一种直观的艺术语言表达方式。植物科学绘画能把植物的外部生长形态、局部细微特征、解剖与放大等结构，进行科学、客观、艺术、真实而完美的综合展现，从而根据准确描述该物种的真实特征进行识别、鉴定和应用，而且要阐明物种之间的亲缘关系和分类系统，进而研究物种的起源、分布中心、演化过程和演化趋势；不仅具有科学研究与成果展示功能，还具有科普宣传和艺术审美的效果，是进行自然教育最有效的一种研究、展示与授教方法。

在自然教育之中，植物科学绘画直接引导孩子们以科学的思路与方法去研究和探索，用一支画笔去认识自然、了解自然、学习自然和真实地记录自然，从而形成自然笔记。在做自然笔记过程中，对自然万物的个人认知感悟与人生价值会逐渐地累积与提升，所收获的个人成果也会越来越多。由此可见，植物科学绘画在培养个人的科学认知与素养方面，具有很重要的教育意义。

"植物科学绘画⁺自然教学法"是以自然天地为学堂，植物的生存智慧为切入点；以科学为引领，国学为根基，博物学为辅助；以科学与艺术相结合为主要传授方法；以学校、基地和生态社区为实践阵地，研究与创新出成体系、健康而可持续的科学绘画系列自然教育内容，引导与启发孩子们用心去感悟自然，用画笔去记录和描绘自然万物，继而探索自然世界的奥秘，点燃生命教育的火种。

经过多年的不断研究与实践后发现，以植物科学绘画展现植物智慧的系列自然教育活动，不仅锻炼了学习者的科学观察、研究和探索思维，还锻炼了学习者的科学与美学修养，也会让他们自愿地远离电子产品及各类游戏，使学习者对自然产生浓厚的兴趣，在利用画笔描绘自然或者植物时发现、认知、收获与感悟同步得到完美的升华，不断获得知识与成果，改变生活方式，形成正确的人生观与价值观，从而更健康快乐地生活。

本册所选用的植物题材"花王"（牡丹）与"花相"（芍药），不仅在生活中常见，还是我国的国花提名植物，在历史与园林文化之中也具有很重要的地位，担任很重要的角色，但由于牡丹与芍药在外部形态方面极为相似，一般人很容易混淆。为了提高大家对牡丹与芍药的深入认知与了解，也为了进一步宣传和推广牡丹与芍药在我国文化与生活中的广泛应用，本书将以植物科学绘画⁺自然教学法，带领大家从头到脚去认识和了解两者的区别和应用。

植物科学绘画⁺自然教育教学法的系列授课内容，会引导学习者通过科学的观察与绘画记录，对大自然进行系统、真实而完美的认知，从而去学习自然、研究自然、热爱自然与保护自然，这也是自然教育的初衷和目的。

2024年5月

编写说明

植物科学绘画⁺自然教学法系列培训教材编写，主要是为自然教育的工作者提供一套基础系列教材，同时也是"植物的智慧"科学教育思想和"植物科学绘画⁺自然教学法"的首套教师培训实用教材。

整体内容是以创新和发展中国特色自然教育为目的，以科学为根基、以自然为题材、以植物为切入点；通过科学思维引导学员们客观地对植物进行观察、研究、实验（解剖）、记录、绘画、总结、成果展示，以及进行多种相关活动的组建与体验。

植物科学绘画⁺自然教学法之基础篇，是系列培训教材课程包的总论、总内容指导和总的知识储备。主要内容包含：①植物科学绘画的特点、特性、发展应用、存在意义；②植物科学绘画的创作过程；③植物科学绘画⁺自然教学法系列教材的使用与教育意义；④如何从头到脚认识植物，分别从植物的根、茎、叶、花、果实与种子等方面，进行了比较全面的图文介绍，也是后续即将编写的系列植物科普教育内容的配套教材。

系列培训教材内容的编写，主要是从身边的植物入手，选用了常见但容易混淆、拥有重要文学意义、具有特殊国学色彩等的植物，引导学习者进行科学、系统而全面的认知学习。在掌握了基础篇的主要知识后，学习者从观察认知开始，去准确地辨析植物的生长特征、分析植物的特点，举一反三，继而能够亲手准确地画出植物，再结合多个教学模块展现不同植物主题的相关活动内容。

教材采用跨学科融合的STEAM教育理念，结合多元智能理论和PBL项目式教学法，提供了多种生态游戏的设计与多元教学模块组合，教师可以根据学习者的年龄与能力，灵活地进行教学安排，以生动有趣的方式激发学习者对自然、植物和生态的认知与热爱，从而更好地达到教学目标。

系列培训教材提供了丰富且清晰的教学分步卡片和练习模板，教师可以利用植物每个部分的分步卡片，进行现场观察认知和模拟科学绘画的重要步骤。学习者便可以在练习模板的帮助和引导下，达到快速练习的效果。练习模板又分初级版和高级版，初级版可以让学生完成各个部分的科学绘画练习；高级版适合学生在学习并掌握科学绘画的基本技巧之后使用，让学生在完成一整幅植物科学绘画作品的同时也达到了对植物生命与自然世界的领悟与认知。

本套系列培训教材秉承科学创新的自然教育理念，通过科学系统的教学内容，多元智能的教学模块进行组合与呈现，使教师和孩子们在观察、游戏、记录、创作等一系列体验式的课程活动中建立人与植物、人与自然之间的联系，启发孩子们对植物与自然世界探索的积极性，收获自然科学知识，进而推动人与自然和谐发展的美好愿景！

本套系列教材属于创新内容，书中必有诸多不妥之处，请各位读者批评指正。

编写委员会
2024年3月

目录

序言

前言

编写说明

第1部分　认识牡丹和芍药 ······1
 1　牡丹和芍药的地位 ······2
  1.1　花王、花相的由来 ······2
  1.2　芍药科的形态分类学研究 ······3
  1.3　芍药科的分子植物学研究 ······5
  1.4　芍药科植物家族的分类地位 ······6
  1.5　芍药科植物的家族 ······6
 2　牡丹和芍药的特征 ······7
  2.1　牡丹和芍药的花型与花色 ······9
  2.2　牡丹冠名的植物 ······22
 3　牡丹和芍药的应用 ······25
  3.1　景观中应用 ······25
  3.2　装饰中应用 ······25
  3.3　产业中应用 ······25
  3.4　文化中应用 ······27

第2部分　牡丹和芍药的科学绘画 ······31
 1　根的科学绘画 ······32
  1.1　绘画步骤 ······32
  1.2　根的科学观察方式 ······34
 2　茎的科学绘画 ······35
  2.1　绘画步骤 ······35
  2.2　茎的科学观察方式 ······36
 3　叶的科学绘画 ······38
  3.1　绘画步骤 ······38
  3.2　叶的科学观察方式 ······39

  4 花的科学绘画 ··· 40
    4.1 绘画步骤 ···································· 40
    4.2 花的科学观察方式 ······················ 43
  5 果的科学绘画 ··· 44
    5.1 绘画步骤 ···································· 44
    5.2 果实的科学观察方式 ··················· 45
  6 芍药的水彩绘画方法 ······························ 46
    6.1 绘画用品 ···································· 46
    6.2 具体步骤 ···································· 47

第3部分 牡丹和芍药的生态游戏 ···················· 55

  生态游戏一：牡丹插花艺术 ···················· 56
  生态游戏二：牡丹种子画 ······················· 58
  生态游戏三：蜡叶标本制作 ···················· 60
  生态游戏四：牡丹敲拓染 ······················· 62
  生态游戏五：牡丹和芍药自然观察笔记 ···· 64
  生态游戏六：牡丹与诗 ··························· 65

参考文献 ··· 67

致　谢 ·· 68

第 1 部分

认识牡丹和芍药

通过系统而科学的研究与了解之后,使自己对牡丹和芍药有更深层次的认知。

1 牡丹和芍药的地位

1.1 花王、花相的由来

牡丹与芍药花姿雍雅,万紫千红,国色天香,自古就是文人雅士吟诗、作乐与绘画的主要对象,也深受世人的喜爱。所以,牡丹与芍药本身就拥有着深厚的文化内涵。牡丹与芍药虽是同属植物,但牡丹是木本,早期也被称为木芍药;而芍药是草本,早期被称为草芍药。不过我国古代的文人比较"重木轻草",牡丹的茎秆曲翘挺拔,质感古朴,花开之后更显端庄大气,芬芳怡人,具有国色天香的内涵和高贵的气质,就像顶天立地的豪迈男子一般,充满了阳刚之气,给人以端庄、富裕、祥和美好的文化蕴意,自古至今深受文人墨客与园艺人士的追崇与喜爱。

据历史考证,在唐代时期,牡丹确实为人所追捧,每到牡丹花开之时,不仅全城之人都会去观赏,另有诸多文人墨客写诗赞美牡丹。其中,晚唐现实主义诗人代皮日休所著的《牡丹》:"落尽残红始吐芳,佳名唤作百花王。竞夸天下无双艳,独立人间第一香。"赋予了牡丹坚强的性格,描写它敢于在晚春末日一花独放,花中称王的高大形象和气魄,赞誉了牡丹的举世无双。北宋时期文学家周敦颐在散文《爱莲说》中写有"自李唐来,世人甚爱牡丹。"的话语。所以,以牡丹为题的文学作品,不仅在我国古代文学中占有重要的位置,也在当代文学中有着深远的影响。这也是牡丹被封为花王的原因,不仅与其鲜艳多彩的花朵有关,也与牡丹在文学艺术中的形象和意义紧密相连。

芍药的枝茎比较柔韧,花大头重,弯曲下垂,气势显得较为柔弱无骨。在《诗经·郑风》中有"维士与女,伊其相谑,赠之以芍药"的记载。古代男女离别之时相互赠以芍药,表达结情之约或离别之情,略显悲凉,所以又称芍药为"将离草"。所以,相比牡丹的坚韧与挺拔,芍药就一路飘零落魄,被文人墨客重视和欣赏的程度就略逊一筹。喜爱芍药的人士对其评价是"芍药谦逊,不与牡丹争春"。南宋四大诗人之一杨万里在《多稼亭前两槛芍药 红白对开二百朵》的诗句:"晚春早夏浑无伴,暖艳暗香正可怜。好为花王作花相,不应只遣侍甘泉。"中,"顺风取势"地进行推理,并"水到渠成"地得出结论:芍药应与牡丹并称花中之王,不能只让它作花相。否则,就委屈了芍药。这也是芍药故被称为花相的佐证。

1.2 芍药科的形态分类学研究

牡丹和芍药属于芍药科芍药属。芍药属是一个不大的属，基本都是灌木、亚灌木或多年生草本植物，全球有34个种（牡丹9种，芍药25种），我国有17种2亚种。在乔治·边沁（George Bentham，1800—1884年）、虎克（William Jackson Hooker，1785—1865年）以及阿道夫·恩格勒（Adolf Engler，1844—1930年）的系统中，都把芍药属放在毛茛科之中。百余年来，国内外许多植物分类学方面的著作都一直沿用此法，例如，我国所编写的各地方植物志和《中国高等植物图鉴》等著作；在《植物杂志》1980年第4期的被子植物系统图中，还把芍药作为毛茛目的代表。其实，芍药属与毛茛科并没有亲缘关系，也不应该属于毛茛科。19世纪初，已经有人对之前的各个分类系统的处理方法进行了研究，并提出不同的意见。1908年，英国渥斯德尔（Wilson Crosfield Worsdell，1867—1957年）根据植物解剖学的证据，认为芍药属和毛茛科的区别较大，反而与木兰科比较接近，于是，就提出把芍药属从毛茛科中分出来，成为独立的芍药科。一直到20世纪50年代，在经过对芍药属的外部形态、内部结构，以及植物化学等的多方面研究工作之后，芍药属和毛茛科的区别特征更加明显（表1）。很多植物学者都支持渥斯德尔将芍药属成为独立的芍药科的意见。

表1　芍药科与毛茛科的主要区别特征

区别结构	芍药科	毛茛科
维管束	维管束为周韧型，同心排列	维管束主为周木型，星散排列
导管	导管分子小，单生，有斜的梯状穿孔板	导管分子比较大，通常簇生，有单穿孔板
花托	花托稍凹陷，在心皮群周围有一个花盘	花托多少隆起，没有花盘
雄蕊	雄蕊离心发育，即内部的雄蕊先成熟，外部的后成熟	雄蕊向心发育，即外部的先成熟，内部的后成熟
花粉	花粉有三孔沟，多有甲虫传布	花粉有三沟、多沟或散孔，没有散孔沟的情况，不由甲虫传布
胚珠	胚珠大，珠被2层，内珠被有4层细胞，外珠被有14～20层细胞	胚珠比较小，珠被2或1层，每层由4～8层细胞组成
合子	合子的基细胞经过多次分裂发育成含有数百个游离核的胚柄细胞，以后细胞壁形成，周围的一些细胞成为胚原始细胞，其中的一个发育成胚	未曾发现
果实	蓇葖的果皮厚，肉质	蓇葖的果皮薄，干燥
种子	种子大，有假种皮，发芽时子叶留土，有上胚轴休眠现象	种子小，没有假种皮，发芽时子叶通常出土
染色体	染色体大，基数为5，在有丝分裂前期，染色体的常染色质部分和异染色质部分不能区分	染色体比较小，基数为6、7、8、9，在有丝分裂前期，染色体的常染色质部分和异染色质部分可以区分
次生代谢物	含有芍药苷、丹皮酚、黄酮、鞣质类和毛茛苷	含木兰碱和合毛茛苷，不含芍药属所含的化合物

自20世纪50年代以来，因毛茛科下的芍药属有重大区别而独立成芍药科，并得到了国际植物研究领域的一致认可。但还有些学者对芍药科在分类系统中的位置持有不同看法。如渥斯德尔认为芍药科与木兰科近缘；英国学者约翰·哈钦森（John Hutchison，1884—1972年）认为芍药科是木兰科（木兰目）和毛茛科（毛茛目）之间的联系环节，就把这芍药科放在了毛茛目中；日本学者田村道夫认为芍药属的胚发育过程与裸子植物的银杏相似，属于原始的特征，就把芍药科放在了被子植物的最前面；还有诸多学者根据雄蕊的离心发育、种子具有假种皮等特征，把芍药科放在五桠果科的附近。

图1　芍药 *Paeonia lactiflora*（孙英宝拍摄）

图2　毛茛 *Ranunculus japonicus*（刘冰拍摄）

图3　五桠果 *Dillenia indica*（林秦文拍摄）

图4　玉兰 *Magnolia denudata*（刘冰拍摄）

1.3 芍药科的分子植物学研究

根据被子植物APGⅢ系统和2020年陈之端等主编的《中国维管植物生命之树》，支持芍药科与连香树科、金缕梅科、蕈树科（阿丁枫科）和虎皮楠科（交让木科）是比较近缘的类群，同属于虎耳草目的成员。

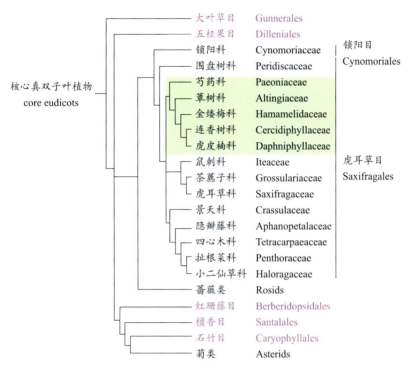

图5　芍药科的归属关系（被子植物APGⅢ系统）

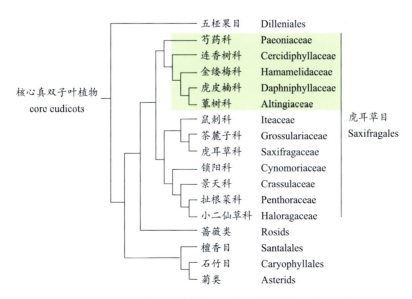

图6　芍药科的归属关系（《中国维管植物生命之树》）

1.4 芍药科植物家族的分类地位

植物界—被子植物门—木兰纲—五桠果亚纲—五桠果目—芍药科。

表2　芍药科植物家族的分类地位

分类等级			芍药科植物分类		
中文	英文	拉丁文	词尾	中文	拉丁文
植物界	Vegetable kingdom	Regnum wcgeable		植物界	Regnum vegetable
门	Division	Divisio phylum	-phyta	木贼门有胚植物门	Equisetine
亚门	Subdivision	Subdivisio	-phytina	木贼亚门	Equisetophytina
纲	Class	Classis	-opsida,-eae	木兰纲	Magnoliopsida
亚纲	Subclass	Subelassis	-les	蔷薇亚纲	Rosidae
目	Order	Ordo	-ales	虎耳草目	Saxifragales
亚目	Suborder	Suhordo	-ineae		
科	Family	Familia	-aceae	芍药科	Paeaniaceae

1.5 芍药科植物的家族

芍药科植物的野生种类约有34种，其中，牡丹9种1亚种，原产我国，分布在我国中部，西南至西北部；芍药25种，主要分布在欧亚大陆温带地区，我国有8种1个变种。

2 牡丹和芍药的特征

牡丹的特征：落叶灌木或者亚灌木。肉质根，髓木质，直根或者披根型。冬季地下根与地上的枝芽休眠过冬。茎斜升，高度达2米，分枝短而粗。叶为二回三出复叶，小叶不分裂，偶尔有2～4个不等大的浅裂。花单生于枝的顶部，直径有10～17厘米；花茎的长度40～60厘米；萼片5枚，花瓣10枚左右，有的栽培品种多达800枚。顶端是不规则的波状；雄蕊多数，花丝长度1.8～2.5厘米，黄色；花盘是杯状的革质，紫红色，顶端有几个锐齿或者裂片，完全包裹着心皮，在心皮成熟的时候会开裂。心皮1～17枚，密被生长有光泽的短硬毛。蓇葖果长度5～10厘米，密被生长有黄褐色的短柔毛，顶端有喙。种子倒圆锥形，长度8毫米，黑色，有光泽。

芍药的特征：多年生的草本植物。肉质根，粗壮，纺锤或者长柱形。冬季地下根茎休眠，地上茎叶干枯。花茎高40～70厘米，无毛。下部的茎生叶为二回三出复叶，上部的茎生叶为三出复叶；小叶狭卵形，椭圆形或者披针形。花数朵生于茎的顶部和叶腋部位，有的时候仅顶端的一朵开放；苞片有4～5枚，披针形，大小不等；萼片4～5枚，宽卵形或者近圆形；花瓣有9～13枚，有的栽培品种多达300枚，倒卵形，粉色、红色、紫色和复色等；花丝的长度0.7～1.2厘米，黄色。花盘浅杯状，包裹心皮的基部，顶端的裂片钝圆；心皮4～5枚，无毛。蓇葖果长5～6厘米，直径1.2～1.5厘米，顶端具喙。种子棕色，有光泽。

图7　牡丹（刘政安拍摄）

图8　芍药（杨勇拍摄）

图9　芍药（孙英宝拍摄）　　　　　　图10　牡丹（孙英宝拍摄）

2.1 牡丹和芍药的花型与花色

教案植物物种：牡丹和芍药。

图11　牡丹的花型与花色（刘政安拍摄）

图12　芍药的花型与花色（杨勇拍摄）

2.1.1 牡丹和芍药整体形态

如何才能区分牡丹和芍药呢？接下来我们将一步一步地认识和区分这两种植物。

图13 区分牡丹与芍药的步骤

观察植物需要从整体形态开始，这也是认识植物的第一步。

牡丹植株： 灌木或亚灌木，冬季枝芽休眠越冬。花盘杯状或盘状，革质或肉质，全部包住心皮或基部。中原地区花期4月底至5月，牡丹的花与叶同期生长，进入4月，牡丹的花蕾在枝条的顶部逐一盛开。果期7～8月。

图14 牡丹越冬状态（孙英宝拍摄）　　图15 芍药越冬状态（孙英宝拍摄）

图16 牡丹花期图（刘政安拍摄）

图17 芍药花期图(杨勇拍摄)

芍药植株： 多年生草本，冬季地上部干枯宿根。肉质花盘不发育，仅包住心皮基部，不甚明显。花期5～6月，在牡丹花期的时候，芍药已经生长出了圆圆的花蕾，待牡丹花期结束后，含苞欲放的花蕾才逐渐开花。果期7月。

2.1.2 牡丹和芍药的根

牡丹根的形态： 肉质根，髓木质，直根型或披根型。

芍药根的形态： 肉质根，粗壮，纺锤形或长柱形。

牡丹和芍药播种的1～3年苗期直根系，粗壮，侧根与须根少。3年后，大苗须根系，牡丹直根型或披根型；芍药纺锤形或长柱形。

图18 牡丹的根（刘政安拍摄）

图19 芍药的根（杨勇拍摄）

2.1.3 牡丹和芍药的茎

牡丹茎的形态：直立，木质。一年生枝有"长一尺退八寸"的特征，即开花的枝条上部在五分之四部分冬季干枯，越年生枝表皮开裂。

芍药茎的形态：直立，草质。冬季地上部全部干枯，宿根越冬。

图20　牡丹茎的芽期（孙英宝拍摄）

图21　芍药茎的芽期（孙英宝拍摄）

图22　牡丹茎的生长期（孙英宝拍摄）

图23　芍药茎的生长期（孙英宝拍摄）

2.1.4 牡丹和芍药的叶

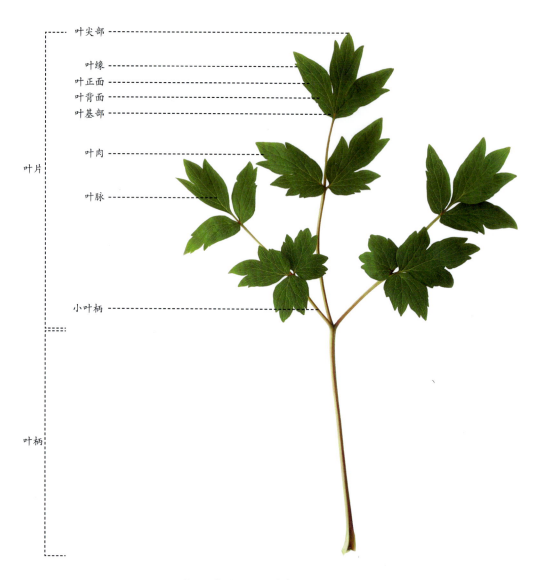

图24　牡丹二回三出复叶结构图解

牡丹叶的形态：下部的叶为二回三出复叶，近枝顶的叶为三小叶。

顶生的小叶宽卵形，长7～8厘米，宽5.5～7厘米，不分裂或者偶尔有2～4浅裂，表面绿色，无毛，背面淡绿色，有时有白粉，沿叶脉疏生短柔毛或者近无毛，小叶柄长1.2～3厘米；侧生小叶狭卵形或者长圆状卵形，长4.5～6.5厘米，宽2.5～4厘米，不等2～4浅裂或不裂，几乎没有柄；叶柄长5～11厘米，叶柄和叶轴均无毛，部分品种有紫晕。

图25　牡丹的叶

芍药叶的形态：下部的叶为二回三出复叶，上部叶为三出复叶。

叶长20～24厘米，小叶有椭圆形、狭卵形、披针形等，叶顶端长而尖，基部楔形或者偏斜，全缘微波，叶缘密生白色骨质细齿，叶面有黄绿色、绿色和深绿色等，叶背多粉绿色，背面沿叶脉稀疏生长有短柔毛。

图26　芍药的叶

2.1.5 牡丹和芍药的花

认识花要从花梗、花托、花萼、花冠、花瓣、雄蕊（花丝、花药、花粉）、雌蕊（子房、胚珠、花柱、柱头）进行区分。

图27　牡丹花的结构（孙英宝拍摄）

牡丹花的形态： 单个生长在枝的顶部。

花的直径10~17厘米；花梗长度4~6厘米；萼片5枚，绿色，宽卵形，大小不等；花瓣5枚或重瓣，白色、粉色、红色、绿色、紫色、黄色、蓝色、黑色和复色九大色系，倒卵形，长度5~8厘米，宽度4.2~6厘米，顶端呈不规则的波状。紫斑牡丹的花瓣基部有深紫色的斑块；雄蕊长度1~1.7厘米，花丝淡黄色、粉红色，上部白色，长度约1.3厘米，花药长圆形，长度4毫米；花盘革质，杯状，白色、乳黄色、粉色等，顶端有数个锐齿或者裂片，完全包住心皮、半包或退化，在心皮成熟时开裂；心皮5，稀更多，密生柔毛。花期4~5月。

图28　牡丹的花（孙英宝拍摄）　　　图29　牡丹花瓣局部、雄蕊群、雌蕊群与房衣（孙英宝拍摄）

芍药花的形态： 数朵生长在茎的顶部和叶腋，或者仅在顶端有一朵开放，近顶端的叶腋处有发育不好的花芽。直径有8~11.5厘米；苞片4~5枚，披针形，大小不等；萼片4枚，宽

图30　芍药花的顶面与侧面观：示芍药的花部特征（孙英宝拍摄）

卵形或者近圆形，长度1～1.5厘米，宽度1～1.7厘米；花瓣9～13枚，倒卵形，长度3.5～6厘米，宽度1.5～4.5厘米，白色，有时基部具深紫色斑块；花丝的长度0.7～1.2厘米，黄色；花盘浅杯状，包裹心皮基部，顶端裂片钝圆；心皮4～5（～2），无毛。花期5～6月。

在芍药的花蕾彭大期间，大部分萼片相互叠加的位置会泌出白色透明的蜜汁，时间长了还会形成结晶。这是芍药为了吸引蚂蚁来保护自己而准备的诱饵和奖励。蚂蚁是杂食性动物，它们除了喜欢吃甜的东西以外，对很多昆虫也不放过。正因如此，芍药就分泌出甜甜的食物吸引蚂蚁来吃。如此一来，就会经常有蚂蚁造访，想要侵害芍药的昆虫就不会光顾芍药的花蕾了。这是芍药进行自我保护的一种智慧和方法。

延伸知识——牡丹和芍药花的传粉

牡丹和芍药是异花传粉。

牡丹和芍药的异花授粉是异株、异花之间的授粉。花的雄蕊和雌蕊同时成熟，但自身拥有排斥自花授粉的机制，不接受自己的花粉，利用颜色和香气借助蜜蜂等媒介进行授粉。

图31　分泌有蜜汁的芍药花蕾（孙英宝拍摄）

图32　蜜蜂为牡丹传粉（孙英宝拍摄）

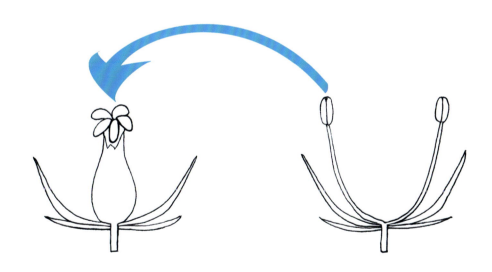

图33　牡丹和芍药的异花传粉示意图（刘冰绘图）

2.1.6　牡丹和芍药的果实

牡丹果实的形态：蓇葖果星状，果荚数1～17枚，单荚长圆形，长2.5～5厘米，直径1.2～2.5厘米，密生黄褐色硬毛，顶端具喙。

芍药果实的形态：蓇葖果星状，果荚数1～10枚，单荚长圆形，长2.5～3厘米，直径1.2～1.5厘米，无毛，顶端具喙。

图34　牡丹的果实（刘政安拍摄）

图35　芍药的果实（孙英宝拍摄）

2.1.7 牡丹和芍药的种子

牡丹种子的形态：种子表面为黑色或棕黑色，并带有光泽；倒圆锥形；长度10.2～12.1毫米，宽度8.3～9.8毫米；外壳坚硬，表皮较薄，拨开表皮内有白色粉末（胚乳），有一种像梨子一样的气味；内部有淡黄色种子髓，细腻而有光泽，明确包裹着胚乳；髓内有种子胚，椭圆形，淡黄色，有类似核桃仁的清香。

芍药种子的形态：种子表面紫黑色、深棕色或红棕色，稍有光泽。椭圆状球形或倒卵形，长度8～11毫米，宽度5～9毫米，常具2（1～3）大型浅凹窝及略突起的黄棕色或棕色斑点，基部略尖，有一不甚明显的小孔为种孔，种脐位于种孔一侧，短线形，污白色。外种皮硬，骨质，内种皮薄膜质。胚乳半透明，含油分，胚细小，直生，胚根圆锥状，子叶2枚。

图36　牡丹成熟后开裂的果荚与种子（杨勇拍摄）

图37　芍药成熟后开裂的果荚与种子（杨勇拍摄）

2.2　牡丹冠名的植物

在植物的大家庭中，名称叫牡丹的有很多，但并非是芍药属的牡丹。常见的有荷包牡丹（罂粟科荷包牡丹属）、天竺牡丹（菊科大丽花属）、牡丹菜（十字花科芸薹属）、桑叶牡丹（锦葵科木槿属）和藤牡丹（旋花科打碗花属）。

荷包牡丹隶属于罂粟科荷包牡丹属，是多年生的直立草本植物。叶型是多回的羽状分裂或者三出复叶，其名称也是因与牡丹的叶极为相似而定。荷包牡丹分布在喜马拉雅至朝鲜、日本、俄罗斯。我国有2种。不仅其花形、花色美丽，可以用作观赏植物，还是一味良药。

图38　白花荷包牡丹 *Dicentra spectabilis* 'Alba'（刘冰拍摄）

天竺牡丹也叫大丽花，隶属于菊科大丽花属，是多年生草本植物。因其头状花序比较大，形状和颜色与牡丹极为相似，所以取名天竺牡丹。天竺牡丹原产墨西哥，其花色花形非常漂亮，是世界上花卉品种最多的物种之一，在很多国家都有栽培种植。在20世纪初被引入我国，之后在全国各地区都有栽培种植，是很好的观赏和药用植物。

图39　天竺牡丹*Dahlia pinnata*（刘冰拍摄）

牡丹菜又叫羽衣甘蓝，隶属于十字花科芸薹属，是二年生草本观叶植物，甘蓝的园艺变种。基生叶片紧密地互生在一起，形成莲座状，叶片皱褶呈波浪状，颜色非常丰富，整体很漂亮。由于叶片的形态美丽多变，绚丽如一朵盛开的牡丹花，所以比较形象地被称为"叶牡丹"，也叫"牡丹菜"。牡丹菜在我国的各大城市公园都有栽培种植，既能抵抗35℃以上的高温，也能耐受多次短暂的霜冻而不会枯萎，比较喜欢充足的阳光，对土壤的适应性很强。牡丹菜既是很好的观赏植物，也是很好的美食"沙拉"。

图40　牡丹菜*Brassica oleracea* var. *acephala*
（孙英宝拍摄）

桑叶牡丹是锦葵科木槿属的多年生常绿灌木，学名扶桑。它的花经常下垂单生在上部的叶腋间，颜色是玫瑰红色或者淡红色、淡黄色等，花瓣倒卵形，先端圆而带有褶皱，非常漂亮，外形似一朵盛开的牡丹，所以取名"桑叶牡丹"。扶桑原产自非洲中部，现在是中国栽培的名花，花期很长，几乎终年都在开放，花色艳丽，花开量大，在我国的华南地区普遍被栽培。桑叶牡丹不仅在亚热带地区的园林绿化上比较盛行采用，而且在长江流域及其以北地区是很重要的温室和室内的观赏花卉，也可以入药。

图41　桑叶牡丹*Hibiscus rosa-sinensis*（刘冰拍摄）

藤牡丹隶属于旋花科打碗花属，是一年生的藤本缠绕植物。莲花形的花座外形类似牡丹，花色比较艳丽，故而取名"藤牡丹"。藤牡丹原产我国，经常在路旁以至海拔1500～3100米的山坡上见到。不仅可以抗严寒和耐高温，还喜欢阳光且耐轻度的遮阴，带根移苗很容易成活，不需要进行缓苗。藤牡丹的花期很长，在盛花时期，每日的开花量可以达到近百朵，犹如色彩斑斓的挂毯，比较壮丽美观，是多种形式绿化的必选品种。

图42　藤牡丹*Calystegia pubescens* 'Anestia'（刘冰拍摄）

3 牡丹和芍药的应用

牡丹和芍药是中国栽培历史悠久的传统名花,不仅拥有深厚的文化底蕴,而且素有"花中二绝"的美誉。其中的牡丹还被誉为"国色天香""花中之王""富贵花"和"中国花",具有非常高的观赏价值、经济价值和生态价值,广泛地应用在我们的生活、文化之中。

3.1 景观中应用

我国是牡丹的起源和栽培中心。在我国南至广东韶关,北至黑龙江,牡丹是唐、明、清三个朝代的国花,拥有1600多年的栽培历史。牡丹和芍药在花开之后,会尽显其万紫千红的色彩和繁花似锦的观赏和装饰效果,所以,城市的公园、绿地、庭院、寺庙和园林中的专类园,以及花台、花带、丛植和群植等景观中到处都可以看到它们的芳踪,其中的牡丹应用多于芍药。

图43 牡丹园林小品(刘政安拍摄)

图44 牡丹园林应用(刘政安拍摄)

3.2 装饰中应用

牡丹芳香扑鼻,非常漂亮,摆在家中拥有花开富贵和吉祥如意的含义,所以,经常以盆花、插花和盆景的形式,用于家居室内、饭店和会场等场所的装饰。

3.3 产业中应用

牡丹和芍药拥有很高的经济价值,有苗木、盆花、切花产品,更有药用以及诸多文创等产品。在2011年,卫生部公布了'凤丹'和'紫斑'两种牡丹籽油为新资源食品;2013年,发布了关于批准牡丹花等8种新食品原料的公告。于是,美味的牡丹花酱,用牡丹提炼的花青素做的果冻,酿制的牡丹花酒,牡丹花饮料,牡丹花茶和由牡丹花粉加工制作的面条、酸奶、蔬菜果汁和啤酒等，进入大家的饮食与生活之中。另外，芍药属多数种类的根具有很好的药用价值，如镇痉、止痛和凉血散瘀，同时，还有很好的抗氧化能力及抗肿瘤、抗病原微生物、调节免疫系统和保护心血管系统的作用。有些牡丹的果实结籽量很大、有效成分含量高、抗性强。于是，科学家研究并栽培油用牡丹。2014年，国务院把油用牡丹列入了国家重点推广的木本油料作物之一。于是，随着种植面积的不断扩大，油用牡丹的产业得到了迅猛的发展。经过研究发现，牡丹籽油有较强的吸收和预防紫外线损伤的功能，可以作为基底油添加在防晒护肤品中或者加工成高档的化妆品。如今，牡丹和芍药作为非常重要的观赏植物及传统中药和油料资源植物，被广泛应用在医药和农林产业之中。

图45　牡丹茶（王大兵拍摄）

图46　牡丹花茶与花酒（王大兵拍摄）

图47　牡丹花果肉（李兆玉拍摄）

图48　牡丹籽油与牡丹花茶（李兆玉拍摄）

图49　药用的丹皮（李兆玉拍摄）

3.4 文化中应用

牡丹和芍药不仅在我国拥有上千年的医药应用与观赏栽培的历史，还是我国历史文化发展长河之中的重要组成部分，拥有很重要的地位。以牡丹为题材的文化内容，在诗词、绘画、雕刻、瓷器、刺绣等艺术品之中的应用非常多，在当今的日常生活中也随处可见。早在3000年前的《诗经》中就有关于牡丹的诗歌；秦汉时期所编纂的《神农本草经》中就有"牡丹味辛寒，一名鹿韭，一名鼠姑，生山谷"的记载；在东汉早期墓葬中，发现有最早记录"牡丹"二字的医简；在东晋时期的《洛神赋》中，记录了我国古人早期赏花的场面；在南北朝时期，北齐的画家杨子华绘画了精美的牡丹图；隋炀帝在洛阳建设西苑的时候，把牡丹带入了皇家园林；在唐代的诸多诗词之中，有刘禹锡所写的"唯有牡丹真国色，花开时节动京城"，以及李白所写的"云想衣裳花想容，春风拂槛露华浓"等千古绝唱之名诗句；宋代不仅拥有大量的牡丹诗词，还出现了欧阳修编写的《洛阳牡丹记》、陆游编写的《天彭牡丹普》，以及丘浚所编写的《牡丹荣辱志》等十几部专著；元朝时期，出现了更多的牡丹题材的诗词文赋和专著。

在《词源》（1915年版）的国花词条中，标注牡丹是中国的国花；1959年的秋天，周恩来总理在视察洛阳的时候所说的"牡丹是我国的国花，她雍容华贵，富丽堂皇，象征着富贵和吉祥"不仅确立了牡丹在华夏文明史上的重要地位，还开辟了牡丹发展史的新纪元。1988年，为了纪念中日建立友好缔结条约10周年，我国分别发行了中国牡丹和日本樱花的两套邮票。1994年，全国开展的评选国花活动中，牡丹被定为候选国花。1997年，在上海举办的第十届全国运动会开幕式中，有国花牡丹率领32个城市市花笑迎香港紫荆花回归祖国的介绍。1999年，在昆明举办的世界园艺博览会中，由中国花卉协会发起的"我心中的国花"投票活动中，有80%的选票是选择牡丹为国花。

图50　牡丹刺绣

图51 牡丹插花艺术(刘政安供图)

图52 牡丹绘画艺术[二色牡丹图(清·恽寿平)]

图53 牡丹瓷器艺术[粉彩牡丹图盘口瓶(清·雍正)]

图54 牡丹漆雕艺术[剔红漆双层牡丹纹盘(明·永乐)]

图55 牡丹布艺品

图56 牡丹手工艺品

牡丹是河南洛阳、山东菏泽、四川彭州、安徽铜陵和黑龙江牡丹江的市花。2024年牡丹花季，在河南洛阳已举办了41届中国洛阳牡丹文化节；山东荷泽已举办了32届国际牡丹文化旅游节。

诗词文化

描写牡丹的古诗词：牡丹诗词是中华文化的奇葩，诗人们以诗言志，借花抒情。据不完全统计，从唐迄清的牡丹诗词就有3000余首，这些诗词蕴含着丰富的历史、科技、人文信息知识，是花与城、花与人、花与心的完美交融。品味牡丹诗词，可以给我们带来崇高的美学享受与哲理思考。以下选录几首代表诗作。

赏牡丹
〔唐〕刘禹锡

庭前芍药妖无格，池上芙蕖净少情。

唯有牡丹真国色，花开时节动京城。

买花 / 牡丹
〔唐〕白居易

帝城春欲暮，喧喧车马度。

共道牡丹时，相随买花去。

贵贱无常价，酬直看花数。

灼灼百朵红，戋戋五束素。

上张幄幕庇，旁织笆篱护。

水洒复泥封，移来色如故。

家家习为俗，人人迷不悟。

有一田舍翁，偶来买花处。

低头独长叹，此叹无人喻。

一丛深色花，十户中人赋。

牡丹
〔唐〕徐凝

何人不爱牡丹花，占断城中好物华。

疑是洛川神女作，千娇万态破朝霞。

和君贶老君庙姚黄牡丹
〔北宋〕司马光

芳菲触目已萧然，独著金衣奉老仙。

若占上春先秀发，千花百卉不成妍。

描写芍药的古诗词： 描写芍药的诗词内容与数量虽不及牡丹的丰富，但亦有不少著名诗人写下优美的诗句。以下选几首唐代诗词作为代表。

芍药
[唐] 韩愈

浩态狂香昔未逢，红灯烁烁绿盘笼。
觉来独对情惊恐，身在仙宫第几重。

感芍药花寄正一上人
[唐] 白居易

今日阶前红芍药，几花欲老几花新。
开时不解比色相，落后始知如幻身。
空门此去几多地，欲把残花问上人。

故王维右丞堂前芍药花开，凄然感怀
[唐] 钱起

芍药花开出旧栏，春衫掩泪再来看。
主人不在花长在，更胜青松守岁寒。

芍药歌
[唐] 韩愈

丈人庭中开好花，更无凡木争春华。
翠茎红蕊天力与，此恩不属黄钟家。
温馨熟美鲜香起，似笑无言习君子。
霜刀翦汝天女劳，何事低头学桃李。
娇痴婢子无灵性，竟挽春衫来此并。
欲将双颊一睎红，绿窗磨遍青铜镜。
一尊春酒甘若饴，丈人此乐无人知。
花前醉倒歌者谁，楚狂小子韩退之。

第 2 部分

牡丹和芍药的科学绘画

以科普与美学的角度,从头到脚去认知和了解牡丹与芍药,用科学绘画的方式去展示牡丹和芍药。

1 根的科学绘画

此部分内容包括两个教学模块，分别为牡丹根和芍药根。教师根据教学的主题，可以任意挑选一个或者两个植物教学模块进行授课。

1.1 绘画步骤

选取嫁接在芍药根上的紫斑牡丹的根，可以看到两种不同根的形态。

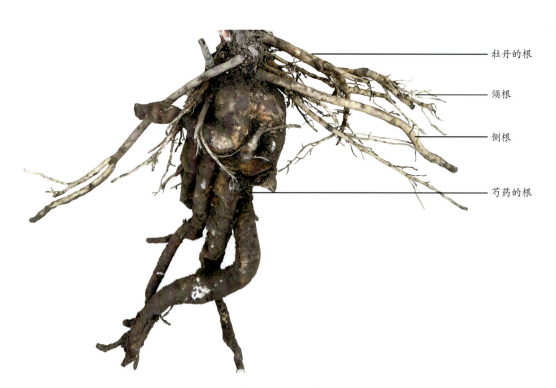

图57　紫斑牡丹嫁接在芍药上的根

第一步：初稿构图

先观察认识所选取的紫斑牡丹嫁接在芍药根部生长之后所形成的两种根系在一起的主要结构和形态特征等内容。然后，根据画纸的大小构思一下位置和所需要绘画的内容。接着，用铅笔在画面上定位根的整体特征，把紫斑牡丹的主根、侧根和须根，以及芍药的肉质储藏根等内容的生长位置和相互关系进行简单的构图，把相互之间的结构关系梳理和勾画出来。

绘画要点：紫斑牡丹和芍药的根部形态特征和质地不一样，先把主要的轮廓、特征和相互关系用铅笔轻轻地绘画出来。

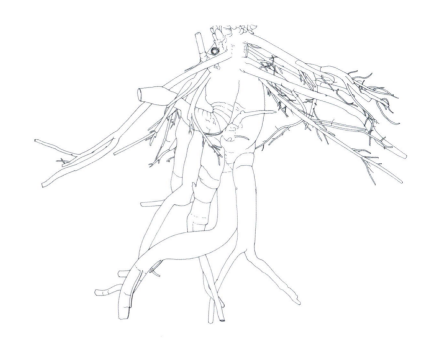

图58　紫斑牡丹与芍药根嫁接生长融为一体的绘画步骤（1）

第二步：刻画特征

把两种不同根部位的生长节点，主根、侧根、须根和肉质储藏根之间的相互关系进行定位之后，进行明确的绘画。先详细地绘画出牡丹的根。

芍药的根为草本肉质储藏根，每个须根都较粗壮；牡丹的根是木质储藏根，侧根和须根较多。

绘画要点：草本肉质储藏根和木本储藏根在形状和质感上有所区别，注意根的右侧，下方和相互叠加的根部绘画线条加粗，增加质感和立体感。紫斑牡丹的根是木质储藏根，用短小条进行效果和质感的绘画，一定要与芍药肉质储藏根的质感进行区分。

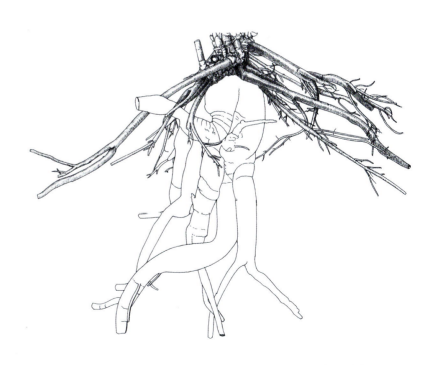

图59　紫斑牡丹与芍药根嫁接生长融为一体的绘画步骤（2）

第三步：质感表现

把芍药根部的一部分进行简单而均匀的点点衬影，尝试区分两种不同根的质感和立体效果。

绘画要点： 把握好整体的立体感和衬影的均匀度；不同的质地用不同的展现效果，避免过于复杂和厚重的效果；根部左侧是受光面，右侧是背光面。所以，背光面的轮廓与衬影线条和点要粗一些，衬影要多一些，这样就会很好地突出立体的效果；距离眼前较近的侧根，效果要清晰和明确，距离远一些的效果要稍微清淡一些；根部断掉的部分要画出横切面，并画上均匀的平行斜线条，以表示切面。

第四步：墨线定稿

把紫斑牡丹和芍药的两种不同根进行最终质感与效果的确认，既能保持两者之间特征与特点的区分，又能保证整体效果的统一。最后，把比例尺标注好。

绘画要点： 草本肉质的储藏根，除了轮廓用线条进行绘制之外，其质感和立体效果要使用点的方法来展现最为合适，效果最好。但需要注意的是，点的使用要均匀，避免重复和过于密集。木质储藏根的质感和效果可以用短线和点线结合的方法进行绘画。需要注意的是，质感方面，要用细腻的短线和点相结合的方法，效果会比较好。

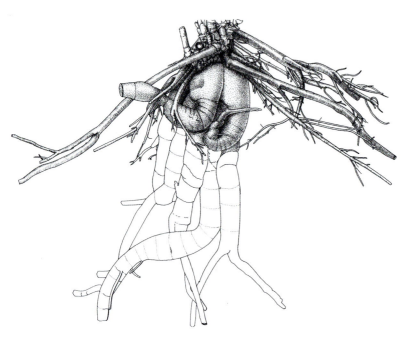

图60　紫斑牡丹与芍药根嫁接生长融为一体的绘画步骤（3）

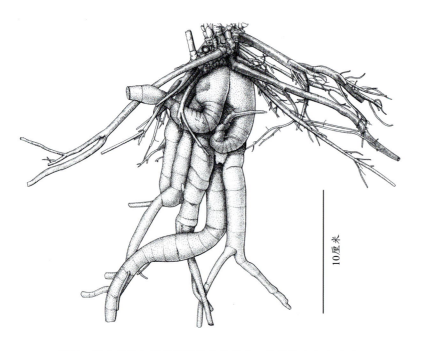

图61　紫斑牡丹与芍药根嫁接生长融为一体的绘画步骤（4）

1.2　根的科学观察方式

观察与触摸方式：让学员先仔细观察根的结构和特点，之后，用手轻轻地触摸根。

2 茎的科学绘画

此部分内容包括两个教学模块，分别为芍药茎和牡丹茎。教师根据教学的主题，挑选一个或者两个植物教学模块进行授课。

2.1 绘画步骤

选取芍药或牡丹的一段10厘米左右的茎（含有节和芽体等重要特征）。

▶▶▶ 第一步：初稿构图

先观察认识所选取茎部位的主要结构和形态特征等内容。之后，根据画纸的大小构思所需要绘画内容的摆放位置和方向。接着，用铅笔在画面上定标注的特征，把茎上节与腋芽的生长特点和叶的生长位置关系进行简单的构图。

绘画要点：牡丹和芍药的茎形态特征和质地有一定的区别，先把茎的主要轮廓用铅笔轻轻地绘画出来。

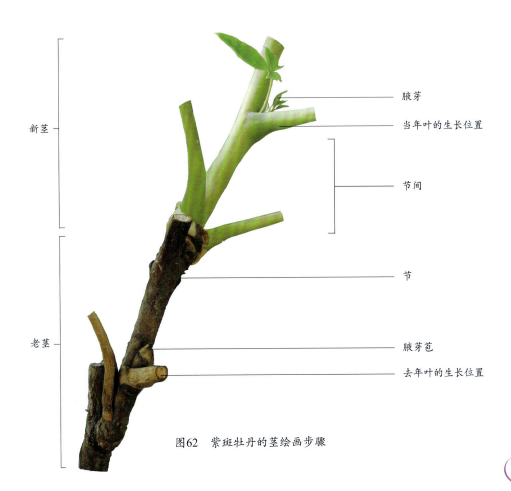

图62　紫斑牡丹的茎绘画步骤

▶▶▶ 第二步：深入刻画特征

把茎上面的生长特点，叶柄与茎的关系进行定位，明确地进行绘画。

芍药的茎为草本茎，比较光滑；牡丹的茎是木质茎，老的茎较粗糙，新的茎较光滑。

绘画要点：草本茎和木本茎的形状、特点和质感区别较大，注意茎的右侧，下方的绘画线条加粗，增加质感和立体感。

▶▶▶ 第三步：质感与效果

把茎进行简单而均匀的衬影，展现质感和立体效果。

绘画要点：把握好茎的立体感和衬影的均匀度；不同的质地用不同的展现方法，避免过于复杂和厚重的效果；茎的左侧是受光面，右侧是背光面，所以，右侧要比左侧的线条要粗一些，衬影要稍厚重一些，这样就会很好地突出立体的效果；茎部的断面部分要画出横切面，并画上均匀的斜线条，以表示切面。

▶▶▶ 第四步：墨线定稿

把绘画好的铅笔稿，用墨线描绘一遍，把内容进行确认和定型。最后用橡皮擦拭掉铅笔的痕迹即可。需要注意的是，擦除铅笔线条时要等待墨线完全晾干时进行；另外，还可以用硫酸纸蒙在铅笔底稿上，用墨线描绘完成。

绘画要点：草本茎的轮廓用线条进行绘画，其质感和立体效果要使用点的方法来展现最为合适。但需要注意的是，点的使用要均匀，避免重复和过于密集。木质茎的质感和效果可以短线和点线结合的方法进行绘画。需要注意的是，质感方面，要用细腻的短线和点相结合的方法，效果会比较好。

2.2 茎的科学观察方式

观察与触摸方式：让学员先仔细观察茎的结构和特点，之后，用手轻轻地触摸茎。

第2部分 牡丹和芍药的科学绘画

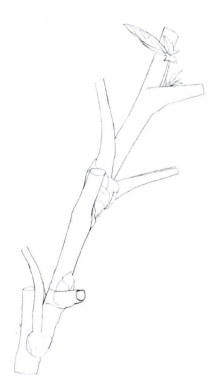

图63 牡丹茎的绘画步骤（1）

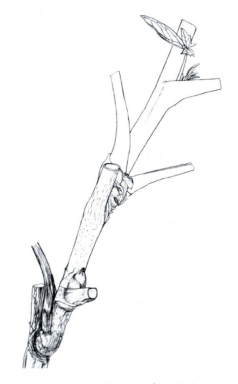

图64 牡丹茎的绘画步骤（2）

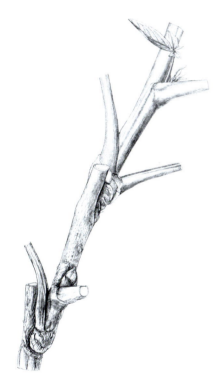

图65 牡丹茎的绘画步骤（3）

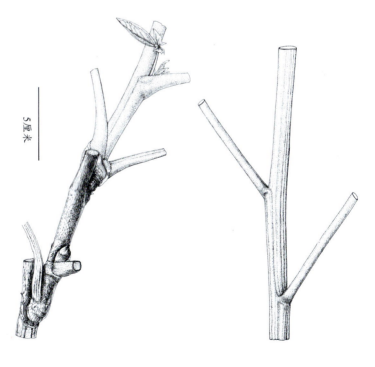

图66 牡丹茎与芍药茎的绘画

3 叶的科学绘画

此部分内容包括两个教学模块,分别为牡丹的叶和芍药的叶。教师可以根据教学主题,挑选一个或者两个植物教学模块进行教学。

3.1 绘画步骤

选取一片完整的牡丹或芍药叶片。

>>> 第一步:初稿构图

先认识所选取叶片的主要结构和相关内容。之后,用铅笔定位叶片的长度与宽度。接着,把小叶的生长位置与排列方式,以及叶柄基部的形态和断面位置,用铅笔轻轻勾勒出来。

绘画要点:二回三出羽状复叶的特点;芍药和牡丹叶柄基部的具体形态和断面。

图67 牡丹的叶片　　　　图68 牡丹叶的绘画步骤(1)

>>> 第二步：深入刻画特征

把二回三出复叶的组成结构——叶柄，侧生小叶的形态，顶生小叶的形态和叶脉，叶边的裂片形态进行明确的刻画。

绘画要点：各叶柄右侧和叶缘右侧线条加粗。

>>> 第三步：质感与效果

把各叶柄和叶缘右侧线条加粗，确认叶脉的位置和粗细，展现质感与立体效果。

绘画要点：把握好整体线条的均匀度；叶柄的左侧和左上方为受光面，右侧和右下方作为背光面，所以，右侧用的线条要比左侧的粗一些，这样就可以很好地突出立体效果。叶柄基部的断面周围以粗线绘画，断面用均匀的斜线平行画上。

>>> 第四步：墨线定稿

在铅笔稿上用墨线描绘一遍，把内容进行确认和定型。最后，用橡皮以点擦的方式擦除铅笔底稿。

（注意：擦除铅笔线条时要等待墨线完全晾干；另外，还可以用硫酸纸蒙在铅笔底稿上，用墨线描绘完成。）

图69 牡丹叶的绘画步骤（2）　　图70 牡丹叶的绘画步骤（3）

图71 牡丹叶与芍药叶的绘画（4）

3.2 叶的科学观察方式

方式一：轻触。

方式二：轻捻叶片之后，闻其味道。

4 花的科学绘画

此部分内容包括两个教学模块,分别为牡丹的花和芍药的花。教师可以根据教学主题,挑选一个或者两个植物教学模块进行教学。

4.1 绘画步骤

选取一朵完整的牡丹花或芍药花。

图72 选择好的紫斑牡丹花

第2部分 牡丹和芍药的科学绘画

▶▶▶ 第一步：初稿构图

先认识所选取花的主要形态结构和相关内容（如花瓣、雄蕊、雌蕊、房衣）的颜色等内容。之后，用铅笔定位花的整体高度与宽度，并将花瓣的生长位置和四周的排列方式，雄蕊群与雌蕊群的生长位置、相互关系和形态等勾勒出来。

绘画要点：花瓣、雄蕊群与雌蕊群的自然形态结构和相互关系。

图73 紫斑牡丹花的初稿构图

▶▶▶ 第二步：深入刻画特征

把所有花瓣的生长形态和边缘的不同褶皱等相互关系，以及雄蕊群与雌蕊群的形态和相互关系，深入确定之后，结合花瓣褶皱的方向，进行清晰的绘画。

绘画要点：花瓣近缘的线条加粗且带有粗细变化效果；雄蕊群和雌蕊群的相互远近关系与立体效果。

图74 紫斑牡丹花特征的深入刻画

第三步：质感与效果

把花瓣的质感与立体效果，用较细的线条进行呈现；雄蕊群和雌蕊群部位的质感和立体效果，用简单而纤细的线条进行绘画。

绘画要点：把握好整体线条的流畅、变化和均匀度；花的左侧为受光面，右侧为背光面，所以，右侧绘画的线条要比左侧的粗一些，衬影的细线也要适当多一些，这样就可以很好地突出立体效果。近缘雄蕊与雌蕊的右侧线条要粗一些，质感和立体效果可以用简单的细线稍微衬托一下，这样就可以很好地突出整体与局部的关系、质感和立体效果。

图75　紫斑牡丹质感与效果的整体深化

第四步：终稿

把整朵花的立体效果进行确认和定型之后，把花瓣基部的紫斑进行绘画，最终稿完成。

（注意：如果不能用墨线笔进行直接绘画，可以根据步骤用铅笔进行绘画，最后画稿确认无误之后，可以再用另外一张干净的硫酸纸，蒙在铅笔稿上，用墨线笔进行描图，把所有的内容进行描绘完成。）

图76　紫斑牡丹与芍药花的终稿绘画

图77 紫斑牡丹花的侧下面绘画（展示花梗、花萼与花瓣的生长关系）

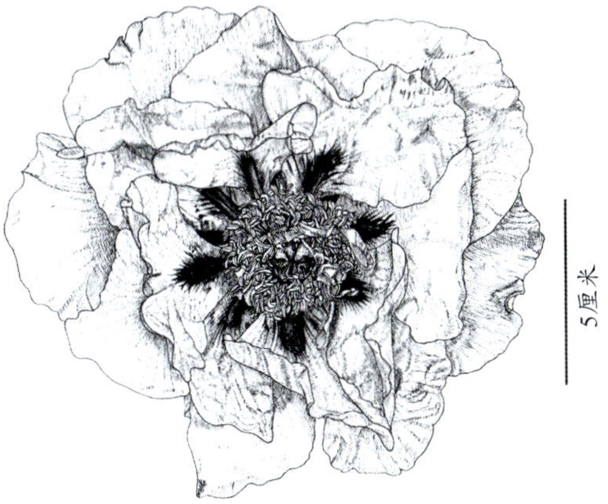

图78 紫斑牡丹花正上方的绘画（展示花瓣、雄蕊群与雌蕊群的生长关系，以及紫斑）

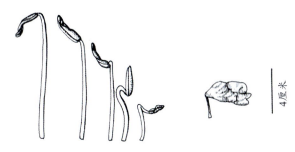

图79 紫斑牡丹的雄蕊与退化雄蕊的绘画

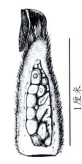

图80 紫斑牡丹的雄蕊群、雌蕊群以及房衣

图81 紫斑牡丹的雄蕊群、雌蕊群及剖开的房衣

图82 紫斑牡丹心皮的纵切（展示胚珠的着生方式与数量）

4.2 花的科学观察方式

方式一：观察外部形态和颜色。

方式二：闻花的香气。

方式三：花部位的解剖，观察花瓣、雄蕊、房衣与雌蕊的形态和生长关系；心皮上的毛被；纵切心皮，观察胚珠的数量、形态和生长方式。

5 果的科学绘画

此部分内容包括两个教学模块，分别为牡丹的果和芍药的果。教师可以根据教学主题，挑选一个或者两个植物教学模块进行教学。

5.1 绘画步骤

选取牡丹或芍药的果实。

▶▶▶ 第一步：初稿构图

先认识所选取果实的主要结构和相关内容。之后，用铅笔定位果实的长度与宽度。接着，把果柄、花萼和蓇葖果的具体形态，用铅笔在纸上轻轻地勾画出来。

绘画要点：紫斑牡丹宿蓇葖果的具体形态与开裂特点。

▶▶▶ 第二步：刻画特征

把果实的具体形状，以及蓇葖果的开裂部位和种子等内容，进行明确的刻画。

绘画要点：蓇葖果的开裂位置和种子的关系，增加种子的立体效果。

▶▶▶ 第三步：质感与效果

把蓇葖果的整体毛被进行展现，右侧的画毛密集一些，果实部位的质感和立体效果，可以用均匀的短毛线进行绘画；蓇葖果的开裂部位和种子，用短线和点结合的方法进行绘画。

绘画要点：把握好整体线条的流畅和均匀度；蓇葖果的左侧和左上方为受光面，右侧和右下方作为背光面，所以，右侧用的线条和毛线要比左侧的粗一些，这样就可以很好地突出立体效果；蓇葖果开裂的内侧用短线进行衬影和质感的体现；种子用短线和点结合的方法进行绘画。

▶▶▶ 第四步：墨线终稿

把蓇葖果的毛被、开裂部位以及种子的关系与质感，用短线和毛线进行最后的立体效果修理。

（注意：如果整体效果不能使用墨线完成，可以先用铅笔进行整体的绘画，完成理想的效果之后，用另外一张硫酸纸蒙在铅笔稿上，用墨线描绘完成。）

图83　紫斑牡丹蓇葖果

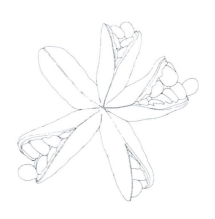

图84　紫斑牡丹蓇葖果初步构图与轮廓勾画

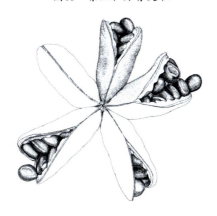

图85　紫斑牡丹蓇葖果开裂与种子的深入刻画

图86　紫斑牡丹蓇葖果质感与效果的绘画

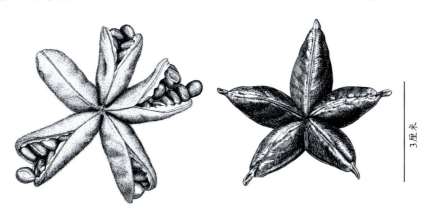

图87　紫斑牡丹与芍药蓇葖果的终稿绘画

5.2　果实的科学观察方式

方式一：观察果实的整体形态；宿存花萼的形状；蓇葖果开裂的部位；种子的形态。

方式二：观察果实的颜色、大小；种子的颜色、大小。

方式三：用解剖刀做种子横切面，观察种子的结构。

方式四：把种子放进捣碎器，再压制，观察油的含量。

6 芍药的水彩绘画方法

6.1 绘画用品

铅笔、水彩纸（获多福高白细纹300克）和水彩颜料。

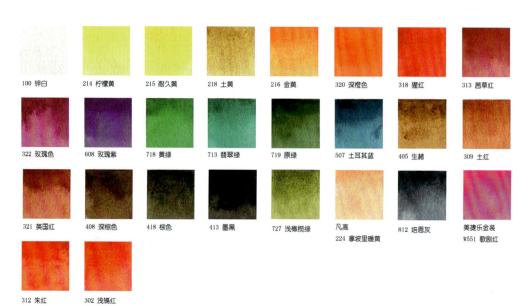

100 锌白　214 柠檬黄　215 耐久黄　218 土黄　216 金黄　320 深橙色　318 猩红　313 茜草红

322 玫瑰色　608 玫瑰紫　718 黄绿　713 翡翠绿　719 原绿　507 土耳其蓝　405 生赭　309 土红

321 英国红　408 深棕色　418 棕色　413 墨黑　727 浅橄榄绿　凡高 224 拿坡里暖黄　812 培恩灰　美捷乐金装 W551 歌剧红

312 朱红　302 浅锡红

6.2 具体步骤

6.2.1 先用HB铅笔轻轻画出轮廓之后，打湿花瓣，用拿坡里暖黄先铺一层底色，较深的部分用拿坡里暖黄+歌剧红+浅镉红趁湿叠加一层颜色。

6.2.2 右侧的花瓣，较深的部分用歌剧红+拿坡里暖黄+朱红顺着花瓣的纹理上色。中间部分的阴影，先用拿坡里暖黄+浅镉红上一层颜色，较深的部分叠加一层深橙色。下方的花瓣，先用拿坡里暖黄+歌剧红+浅镉红上一层色，暗部用歌剧红+浅镉红叠加一层。

6.2.3 上方的阴影部分，用朱红+拿坡里暖黄+适量的清水上一层颜色，较深的部分用拿坡里暖黄+歌剧红叠加一层。中间部分，用歌剧红+玫瑰色上一层颜色，最深的部分用猩红色叠色。左侧上方的花瓣，用浅镉红+歌剧红+适量的清水上色。左侧下方右侧花瓣的阴影，用拿坡里暖黄+适量的清水先上一层颜色，趁湿用淡镉红和歌剧红从右到左画出一个渐变色。左下方的花瓣，中间部分先用白色+耐久黄+拿坡里暖黄上色，再用同样的颜色勾勒出花瓣的厚度，阴影部分用歌剧红+浅镉红+适量的清水上色，右侧较深的部分用，用玫瑰色+茜草红叠加一层。拿出沾了清水干净的水彩笔，趁纸面未干，擦出花瓣经脉的纹理。

6.2.4 中间部分的花瓣，用拿坡里暖黄+耐久黄+适量的清水上色，其余的部分用拿坡里暖黄+浅镉红+歌剧红+较多的清水上色，半干的时候用歌剧红+浅镉红在较深的部分叠色。

6.2.5 上方的两片花瓣，先刷一层清水，用拿坡里暖黄+浅镉红铺一层底色，再用浅镉红+歌剧红顺着花瓣的筋脉纹理在阴影部分上色。其余的阴影部分，用浅镉红+歌剧红+大量的清水叠加一层颜色。右侧中间部分的阴影，用深橙色+适量的清水上色，左侧用浅镉红再叠加一层。

6.2.6 靠近花芯处花瓣的阴影部分，用清水打湿，用拿坡里暖黄+浅镉红上色，右侧趁湿用耐久黄+深橙色从右到左画出渐变色。上方花瓣的阴影部分，用浅镉红+拿坡里暖黄+大量的清水上色，暗部用歌剧红+浅镉红趁湿叠色。更上方花瓣的阴影部分，用朱红上一层颜色，较深的部分用歌剧红+朱红色趁湿叠色。右侧花瓣用浅镉红+歌剧红+大量的清水以尼龙勾线笔画出花瓣上的纹理，阴影部分用歌剧红+少量的清水上色，加深的部分用歌剧红+浅镉红很浓的叠加一层。

6.2.7 打湿花瓣，用拿坡里暖黄+耐久黄+锌白画出中间部分花瓣的受光面，接着用拿坡里暖黄+少量的浅镉红上色，较深的部分用同样的颜色叠加一层。

6.2.8 左上方花瓣的阴影部分，用拿坡里暖黄+浅镉红+适量的清水叠色，其余的部分，用歌剧红+拿坡里暖黄顺着花瓣筋脉的生长方向着色。

6.2.9 留出花瓣筋脉的位置，打湿花瓣，用浅镉红+拿坡里暖黄在较浅的花瓣上上色，其余的部分，用拿坡里暖黄+歌剧红上色，较深的部分，用歌剧红+朱红叠加一层。

6.2.10 左侧花瓣的反光部分，用锌白+柠檬黄上色，右侧的反光部分，用拿坡里暖黄+少量的土黄上色，打湿花瓣，用拿坡里暖黄+歌剧红+浅镉红在阴影部分上色，右侧用歌剧红趁湿再叠加一层。中间和右侧花瓣的反光部分，先用清水刷一层，用根据红+玫瑰色顺着花瓣的生长方向着色。花瓣的阴影部分，用歌剧红+淡镉红+适量的清水上色，较深的部分用玫瑰色+猩红叠加一层。上方花瓣的阴影，用朱红色叠色。

6.2.11 拿出小号的勾线笔,用耐久黄+适量的清水上色。

6.2.12 花蕊用金黄+耐久黄在较深的部分上色,用土黄+深橙色在阴影部分上色,右侧较深的部分,用朱红色叠加一层。其余花蕊间的阴影,用土红色+朱红色勾勒。

6.2.13 暗部的花蕊,用耐久黄+金黄上色,较深的部分用深橙色+土黄色叠色,最深处,用生赭色再叠加一层。

6.2.14 花蕊中的阴影,用英国红以小号的尼龙勾线笔上色。最深处用深棕色勾勒。

6.2.15 叶片先用清水打湿，用柠檬黄画出叶片的厚度，接着用柠檬黄+原绿上一层底色，最后用原绿勾勒出叶片的筋脉。

6.2.16 叶片的暗部用原绿+浅橄榄绿+适量的清水着色。

6.2.17 叶片的边缘，用歌剧红+浅镉红+少量的清水着色。

6.2.18 暗部用原绿+浅橄榄绿着色，最深处用墨黑+原绿叠色。上方的花瓣用棕色+淡镉红在阴影部分叠加一层。

6.2.19 拿出小号的尼龙勾线笔，顺着叶片的筋脉生长方向，用柠檬黄+黄绿+翡翠绿上色，右侧上方用柠檬黄+黄绿上色，下方用浅橄榄绿上一层色，最下方用茜草红浅浅的叠加一层。

6.2.20 留出筋脉的位置，右侧的叶片，用培恩灰+原绿+适量的清水上色，较深的部分用培恩灰叠色。中间叶片的颜色，用翡翠绿+原绿+培恩灰上色，上方的暗部用培恩灰叠色。

6.2.21 左上方叶片的阴影，用墨黑+原绿+适量的清水上色。

6.2.22 中间部分的叶片,少量的部分用土耳其蓝+翡翠绿+原绿+适量的清水上色,暗部趁湿用培恩灰叠色。

6.2.23 左侧的边缘用翡翠绿+原绿+培恩灰上色。其余部分用原绿+培恩灰上色,较深的部分用培恩灰再叠加一层。

6.2.24 叶片的尖端,左侧用翡翠绿+适量的清水上色,右侧用黄绿上色,翻卷过来的叶片,用玫瑰紫+少量的清水先上一层色,暗部用土耳其蓝+深棕色趁湿叠色。

6.2.25 用同样的方法画出这片叶子。

6.2.26 其余的叶片也参照步骤6.2.19至步骤6.2.24的方法来完成。

第 3 部分

牡丹和芍药的生态游戏

游戏是孩子们学习的一条重要途径。以游戏的形式组织孩子活动，能够促进孩子各项能力的迅速发展和智力的增长。

生态游戏一：牡丹插花艺术

❶ **生态游戏属性：** 非遗体验。

❷ **形式：** 用插花的形式，寻找植物在艺术中的意义。

❸ **知识目标：** 用自己的双手，把零散的花枝做成插花艺术品。

❹ **材料和工具：** 牡丹花、配花、配叶、剪刀、花插、花篮、塑料托盘、水。

❺ **环境：** 室内外均可。

❻ **个人/团队：** 个人或10～20人。

❼ **游戏准备：** 发放给参与者相关工具、围裙、花材。

❽ **游戏步骤：**

（1）选材修剪。首先，在脑海中或纸上构思好设计图。然后，挑选需要的花材，使用剪刀进行简单修剪。

（2）准备容器。将花插放入装有水的水盘中，即可开始插花。

（3）进行插花。将花材、容器均准备好以后，开始插花，先将主要花材（牡丹）插入花插中，再根据构思图，插入一些配花或配叶，可根据花材的高度或整体布局等进行调整。

❾ **总结与回顾：** 中国传统插花是国家级非物质文化遗产，讲求自然美、线条美、意境美、整体美，既有较高的观赏价值，又可满足主观与情感的需求。插花就是把花插在瓶、盘、篮等容器里，所使用的花材是植物体的一部分，可以是枝条、花或叶片等。插花并不是随便乱插的，需要根据一定的构图、色彩、意境来进行创作。"唯有牡丹真国色，花开时节动京城"，牡丹是我国象征着富贵和吉祥的花，在插花中，牡丹深受人们喜爱。从插花的角度去感受植物之美，是不是另有感悟呢？

❿ **延伸内容：**

牡丹鲜花如何保鲜。

残余的花材可以用于解剖观察。

安全小贴士

使用剪刀修剪时应注意安全，其余步骤均没有危险性，适合各个年龄阶段的人。

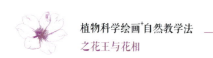

生态游戏二：牡丹种子画

❶ **生态游戏属性**：植物工艺类游戏。

❷ **形式**：颜色与形状对比。

❸ **知识目标**：通过形状、颜色来了解植物种子的类型。

❹ **物料和工具**：牡丹种子，葵花、绿豆、红豆等植物种子，卡纸、镊子、牙签、胶水、画笔、工具刀。

❺ **环境**：室内。

❻ **个人类/团队类**：个人或15～30人。

❼ **游戏准备**：发放种子、材料和工具。

❽ **游戏步骤**：

（1）设计图案。用画笔在卡纸上画出花朵、大树、小鸟等简单的图案。

（2）根据种子不同的外观和质地，然后选择色彩、大小合适的种子，用牙签蘸上胶水，粘在卡纸上的图案处。有些种子可用工具刀劈开使用，如葵花子。

（3）种子全部填放完成后，用手将种子按实，等胶水稍干后，用工具刀修整一下多余的种子，将种子彻底晾干后即可长久保存。

❾ **总结与回顾**：种子画，是用各种植物种子粘贴制作出来的画。不同的植物种子的形状颜色各不相同，可将种子作为材料，与绘画、手工相结合制作种子画，既可以激发儿童的绘画兴趣，又锻炼了动手能力。牡丹种子成熟后种皮变黑，芍药的种子褐色，种子圆润坚硬，与其他种子搭配可作出许多生动、美丽的作品。用各类不同颜色和不同形状的种子去作画，是不是别具一格呢？

❿ **延伸内容**：
种子需要怎么处理才不会腐坏且长久保存呢？
植物的种子还有哪些用途呢？

安全小贴士

使用工具刀注意安全。

生态游戏三：蜡叶标本制作

❶ **生态游戏属性**：植物形态类游戏。
❷ **知识目标**：认知花王与花相的形态、生长结构与特点。
❸ **游戏方式**：采集标本，制作出合格的植物标本。
❹ **材料和工具**：牡丹花、牡丹叶片、标本夹、瓦楞纸、吸水纸、台纸、透明胶、丝线、标签、枝剪、定名签、纸和笔。
❺ **环境**：室内外均可。
❻ **个人/团队**：个人或10～20人。
❼ **游戏步骤**：

（1）采集标本。采集牡丹花、牡丹叶片或者牡丹枝条。采集时要注意尽量保持花和叶片的完整。

（2）修整标本。将花朵、叶片或枝条展开摆放整齐，避免重叠，不整齐的地方可以修剪掉。

（3）压干标本。在标本夹上铺上一层瓦楞纸，再铺上几张吸水纸，将修整后的标本摆放在上面，注意摆放位置；再在标本上铺上几张吸水纸和一层瓦楞纸。合上标本夹，将标本夹捆紧。每天更换一次吸水纸，5天左右即可干燥。

（4）装订标本。先将干燥好的标本使用透明胶粘在台纸上，再使用丝线将标本缝合固定在台纸上。

（5）书写标签。装订完成后，在台纸的右下方贴上标签，在标签上书写植物名称、采集时间、采集地点、采集人等。

❽ **总结与回顾**：植物标本是植物经过加工制作，使其保持原形或基本特征，使我们可以不受季节和时间的限制观察到植物的种类、形态，并了解植物的生长发育过程。牡丹花大色艳，但花期较短，可以压制成一幅精美的植物标本，用来进行展示和研究。

❾ 延伸内容：

如何选取标准的植物素材？

标本该如何长期保存？

安全小贴士

本实验使用剪刀时应注意安全，其他步骤没有危险性，适合各个年龄阶段的人。

生态游戏四：牡丹敲拓染

❶ **生态游戏属性**：植物化学。

❷ **形式**：色素提取。

❸ **知识目标**：通过手工方式提取植物色素并用于生活。

❹ **材料和工具**：牡丹枝条、小木锤、棉布、厨房用纸、水盆、盐水、剪刀、透明胶带。

❺ **环境**：室内。

❻ **个人/团队**：个人或20～30人。

❼ 游戏步骤：

（1）采集材料。在清晨采集材料，此时的植物吸收了露水，汁水丰富，易拓染。或者在拓染前用清水将采集的材料浸泡一段时间，使植物水分充足。

（2）准备拓染。对材料稍加修整后，将材料表面的水分用纸巾擦干，放在棉布上，再在材料上面盖一层厨房用纸。

（3）开始拓染。先用小木锤沿着材料轮廓敲击，逐步向内敲击。敲击完全后掀开上层纸巾观察拓染情况，若有不完整的地方，可重复敲击。叶片拓染较为简单，较小的叶片或者花瓣拓染可以用透明胶带固定后拓染。拓染花朵时，将花蕊先取下来，依次拓染花瓣、花蕊等。

（4）完成拓染。拓染完全部材料后，将棉布置于阴凉通风处晾干，晾干后在盐水中简单清洗，可使棉布持色长久。

❽ 总结与回顾：染料的主要来源于矿物、植物和动物三个途径。利用花草等进行的植物拓染，是操作最简单、材料最易得的一种染色方式，又被称为植物染。通过拓印保留了花草的色彩、纹理以及味道，也留住了那些温馨的记忆。

❾ 延伸内容：

拓染的载体除了棉布，还有什么材料适合于拓染？

为什么盐水会使得拓染后的棉布持色长久？

拓染后的棉布可以制作哪些东西？

安全小贴士

使用剪刀修剪枝条时注意安全，其余步骤均没有危险性。

生态游戏五：牡丹和芍药自然观察笔记

❶ **生态游戏属性**：植物观察分类。

❷ **形式**：绘画记录。

❸ **知识目标**：通过对比牡丹和芍药的不同生长器官来区分两者。

❹ **材料和工具**：牡丹、芍药、铅笔、彩色铅笔、尺子、橡皮、记录夹、勾线笔、放大镜。

❺ **环境**：室内外均可。

❻ **个人/团队**：个人或20～30人。

❼ **游戏准备**：先准备花期或果期的牡丹和芍药各一株，纸张、铅笔、彩色铅笔、橡皮、尺子、记录夹、勾线笔。

❽ **游戏步骤**：

（1）准备材料。准备好牡丹和芍药花期或者果期的活体各一株，需要带有根、茎、叶、花、果实和种子。

（2）准备观察。对牡丹和芍药的整体进行观察。把根部从土壤中取出，观察一下两个种根部的不同之处；然后，观察叶的不同大小、特点和形状，花的不同大小、特点和形状；果的大小、特点和形状。

（3）开始记录。先用尺子把牡丹和芍药根部的尺寸和粗细量好，结合具体形状和颜色在纸上进行铅笔初稿绘画，并标注根的性质和相关尺寸；然后，观察茎的特点和颜色，结合相关数据在纸上进行茎的铅笔初稿绘画；接着，把叶片的形态和颜色进行分析之后，结合相关数据，在纸上进行铅笔初稿绘画。如果是花期，根据花的大小、形态和颜色的特点，结合相关数据进行整体和解剖铅笔初稿绘画；如果是果期，根据果实的大小、形态和颜色的特点，结合相关数据进行铅笔初稿绘画。把种子取出来，结合具体特征、颜色和数据进行铅笔初稿绘画。

（4）完成笔记。根据所观察绘画的初稿内容，进行自然笔记的整体分析和规划，选择一张或者多张纸，结合自己的认知和相关认知过程的内容，设计版面和逐步完成自然笔记。内容除了记录植物的相关形态结构特征与描述之外，还可以加入自己对植物的认知和感悟，加入国学、博物学、本草学、文学和生活相关的内容，使得作品内容丰富多彩，多方面展示牡丹和芍药的内容。

❾ **总结与回顾**：自然笔记是观察自然、认知自然、学习自然、记录自然和展示自然的一种有效方式；是培养大家感悟自然、热爱自然、顺应自然和保护自然的价值观和健康行为的有效路径；也是对自然规律和法则的认知与了解的过程。但需要注意的是，自然笔记并不仅是简单的观察和记录，还需要加入个人的思考、认知、发现与感悟等内容。最重要的是，作者要亲身参加和经历。

❿ **延伸内容**：选择其他容易混淆的植物进行自然笔记。

生态游戏六：牡丹与诗

❶ **生态游戏属性**：植物文化拓展。
❷ **形式**：用翻译诗歌的形式，寻找植物在诗中的意义。
❸ **知识目标**：用自己的想法，把古诗翻译成现代诗。
❹ **资料与工具**：学案纸——牡丹与诗、铅笔。
❺ **环境**：室外。
❻ **个人/团队**：个人或15～30人。
❼ **游戏准备**：发放给参与者学案纸——牡丹与诗、铅笔。
❽ **游戏步骤**：
（1）组织参与者一起朗读学案纸上的古诗。
（2）让每位参与者独立完成现代诗的翻译，填写学案纸。
（3）填完之后把学案纸交给老师。
（4）现场挑一些有想法的、有趣的作品进行朗读展示。
❾ **总结与回顾**：诗，又称诗歌，是一种用高度凝炼的语言，形象表达作者丰富情感，集中反映社会生活并具有一定节奏和韵律的文学体裁。诗乃文学之祖、艺术之根，从诗的角度去感受植物，也别有一番滋味。
❿ **延伸内容**：
诗的填空。
现代诗的创作。

赏牡丹
［唐］刘禹锡
庭前芍药妖无格，池上芙蕖净少情。
唯有牡丹真国色，花开时节动京城。

芍药没有（格调），
荷花没有（热情），
只有牡丹是（真正的国色），
花开之时，全城之人都（出来观看）。

牡丹
［唐］徐凝
何人不爱牡丹花，占断城中好物华。
疑是洛川神女作，千娇万态破朝霞。

有哪个人（不喜欢）牡丹花呢，
盛开时独占了（城中的美景）。
莫不是洛水女神（在那里翩舞吧），
千娇万态如同（灿烂的朝霞飞腾）。

芍药花
[元]方回

眼中不复见姚黄,从古扬州亚洛阳。
可止中郎虎贲似,政堪花相相花王。

芍药
[唐]韩愈

浩态狂香昔未逢,红灯烁烁绿盘笼。
觉来独对情惊恐,身在仙宫第几重。

> 这样(妩媚姿态、浓烈香味的)芍药从未见过。
> (火红的花蕊)在绿叶的衬托下,仿佛像火苗在闪烁。
> 面对(惊艳的花)感觉到自己有点(惊恐),
> 这只有(天宫)才有的花,感觉自己已经到了(九重天)。

参考文献

陈之端，路安民，刘冰，等. 中国微管植物生命之树[M]. 北京：科学出版社, 2020.
故宫博物院. 万紫千红: 中国古代花木题材文物特展[M]. 北京：故宫出版社, 2021.
李嘉钰. 中国牡丹与芍药[M]. 北京：中国林业出版社, 1999.
李振基. 植物的智慧[M]. 北京：中国林业出版社, 2019.
李兆玉. 冰清玉洁的牡丹花[J]. 生命世界, 2020(4): 22-25.
刘政安, 舒庆艳. 拥有资源 拥有未来[J]. 生命世界, 2018(7): 16-19.
刘政安. 富贵花 富贵养[J]. 生命世界, 2018(7): 26-29.
刘政安. 众望所归的国花[J]. 生命世界, 2020(4): 4-5.
刘政安, 王曦若. 登峰造极牡丹花——牡丹之最[J]. 生命世界, 2020(4): 26-31.
孙英宝, 李振基. 植物科学绘画+自然教学法之基础篇[M]. 北京：中国林业出版社, 2020.
尹丹丹, 舒庆艳. 浑身是宝的牡丹[J]. 生命世界, 2018(7): 30-33.
王莲英. 中国牡丹品种图志[M]. 北京：中国林业出版社, 1997.
王文采. 谈谈芍药科[J]. 植物杂志, 1982(2): 17.
张爱玲, 刘政安. 宛自天开牡丹花[J]. 生命世界, 2020(4): 46-49.
中国植物志编辑委员会. 中国植物志：第27卷[M]. 北京：科学出版社, 1979: 37.
周世良. 一地一牡丹[J]. 生命世界, 2018(7): 10-15.
HONG De-Yuan. Peonies of the world-Part Ⅲ: Phylogeny and Evolution[M]. London: Royal Bctanic Gardens, Kew, 2021.

致谢

蒙中国科学院植物研究所王文采院士教导与培养，王英伟博士、叶建飞博士指导并提供资源，刘冰博士、林秦文博士、杨勇博士提供部分照片与科学指导，崔小满老师给予帮助，蒋晓萍女士给予支持与鼓励，在此表示衷心的感谢。